（植物的一生）

（春） → （夏～秋） → （冬）→（下一年春）

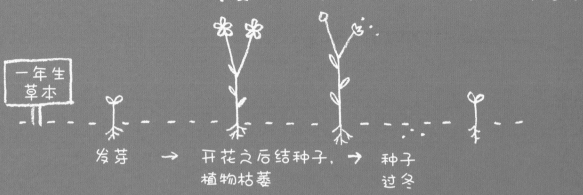

一年生
草本

发芽　→　开花之后结种子，→　种子
　　　　　植物枯萎　　　　 过冬

（秋） → （冬） → （春～秋） → （秋）

越冬生
草本

发芽 → 小小的植株 → 开花 → 结种子，
　　　　过冬　　　　　　　　　植物枯萎

（春）→（夏～秋） → （冬）

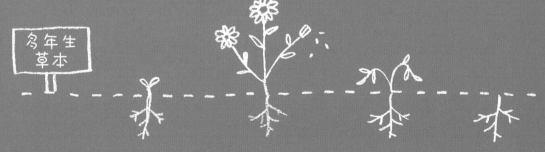

多年生
草本

从地下的根上→　开花，　→ 地上的部分　只有根
发出芽来　　　结种子　　　枯萎　　　　过冬

我们身边的

野花图鉴

秋冬之花

[日] 前田真由美 / 著

夏 言 / 译

华东师范大学出版社

上海

旋花

旋花科
多年生草本植物
身高：0.6~1.5 米
开花时间：6~9 月

　　它会把蔓藤缠绕在光照良好的路边栅栏或种植的树木上。

　　旋花和牵牛花一样，都是一早就开花，一直开到傍晚的时候。

　　它也是中国和朝鲜半岛的自有植物，曾被用作食物和药物。

※ **旋花的小伙伴们**

打碗花
它的花比旋花要小，而且花下面有个皱皱的部分像早熟了似的，可以以此区分它们。

田旋花
原产于欧洲，二战后也繁衍到了日本。长在路边或河滩上。特征是花色发白，花萼很小。

牵牛花
种子是中药，据说奈良时代就从中国传到了日本。花很美，所以也被种在院子里。从一早就开花，到了下午就会凋谢。

✳ 来观察一下它的特征吧

花是喇叭形。

茎变成蔓藤，缠绕在围墙上。

开花后结出种子。（如果附近有别的旋花植株，就会结种子。）

叶子细长，叶柄两侧略尖。

根在地下伸展，通过发出新芽繁殖。

别的植株

✳ 名字的由来

因为它白天开花，所以日本人叫它"昼颜"（白天的脸庞）。在中国和朝鲜半岛，人们叫它"旋花"（意思是"旋转缠绕的花"）。将旋花的茎、叶干燥后做成的中药也叫旋花。

✳ 旋花料理

旋花的花、蔓、叶、根全部都可以吃。快把它摘下来，洗干净，做成料理吧！

蔓、叶
迅速焯一下，做成凉拌菜。

花
去掉花萼，可以直接放在沙拉里，也可以放在汤上面。

根
挖出来后洗干净，直接用芝麻油炒熟，可以根据喜好放入盐、酱油等调料。

✳ 牵牛花、旋花、月光花

既然有早上开的牵牛花，白天开的旋花，那么相对的也有"月光花"这种晚上开的旋花小伙伴。

月光花
旋花科
傍晚 6~7 点左右开花，直到半夜。

月光花日文名叫"夜颜"，也有人叫它"夕颜"，但其实在日本"夕颜"和"夜颜"本来是不同的植物。日文中"夕颜"原本所指的植物在中国名叫"瓠子"，是葫芦的小伙伴。

瓠子
葫芦科
将它的果实削得细长晒干后，就是紫菜卷里放的"葫芦条"。它的花从傍晚一直开到第二天上午。

果实

✳ 变种旋花的流行

江户时代曾流行栽培花姿千奇百怪的"变种旋花"。最开始是大阪人培育，不久江户（东京）也跟着流行起来。在江户的街道上，甚至曾经开设过很大的旋花市场。

菊花形旋花　　　　　牡丹形旋花

✳ 气球游戏

摘一朵旋花或是牵牛花，来玩气球游戏吧！

（1）去掉花萼，只留花瓣。

（2）把花瓣张开的一头朝下，抓住开口。

（3）从尾部轻轻吹气进去，让它鼓起来。

鸭跖草

鸭跖草科
一年生草本植物
身高：30~50 厘米
开花时间：7~10 月

开在路边、河滩等地方，花从早上一直开到中午前后。

青色花朵榨出的汁，以前会被用来给衣服染色。

另外，叶子和茎煮熟后可以吃，干燥后则可以用来做解暑药等药物。

❋ **鸭跖草的小伙伴们**

大花鸭跖草
鸭跖草的园艺品种，比鸭跖草体形更大，硕大的花朵只在上午开放。

疣草
长在水田边上，只在上午开花。如名字所示，据说折断它的茎流出的液体，如果分多次涂在疣上，就可以把疣除掉。

紫露草
原产于北美，作为庭园花卉被引进到日本，并为人所熟知。花只在上午开放。

✷ 来观察一下它的特征吧

果实。 花骨朵。

花瓣有 3 片，下面的花瓣不显眼。

苞打开的时候

若干花朵从苞（由叶子变形而成）里面依次来到苞外开放。

细长的叶子。

茎的下部在地上匍匐，生出根来繁殖。

开花后结的果实，里面是小小的种子。
↓

✷ 名字的由来

据说，因为它在露水还沾在叶子上的清晨开放，所以它的日语名叫"朝露"。

在《万叶集》里，它是以"月草"这个名字出现的。此外，它在日本还有"帽子花"等各种各样的别名。

（鸭跖草的别名集）

月草

因为将花瓣在布上摩擦会染上颜色（着色），所以本来被叫作"着草"。但因为蓝青色的花朵让人联想到月夜的夜空，所以逐渐演变成了"月"这个字（日语里"着"和"月"字读音一样）。

帽子花

因为苞的形状像过去日本人戴的"乌帽子"，所以得名。

乌帽子
↓

鸭跖草

这是它在中国的名字。"鸭跖"的意思是"鸭子的脚掌"。它的叶、茎干燥后做成的中药也叫这个名字。有时也写作"鸭头草"。

青花

根据花朵的青蓝色得了这个名字。

✷ 花时钟

鸭跖草在早上 7 点左右开花，到了午后就凋谢了。

我们把不同花的开花时间组合在一起，做成一个"花时钟"花圃吧！

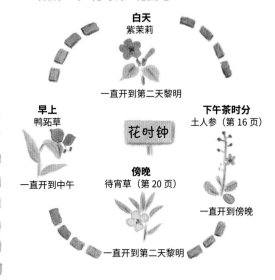

白天
紫茉莉

一直开到第二天黎明

早上
鸭跖草

一直开到中午

花时钟

下午茶时分
土人参（第 16 页）

一直开到傍晚

傍晚
待宵草（第 20 页）

一直开到第二天黎明

✷ 鸭跖草染料

从鸭跖草的花里可以挤出漂亮的青色汁液。

以前，人们就用这个汁液给衣服染色。

（来试试用鸭跖草染色吧）

（1）只取花瓣若干，用纱布包好榨汁。

（2）将白手帕一类的布放在汁液里浸泡一会儿，染上颜色。

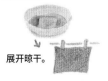

展开晾干。

用水清洗后颜色就会掉了。

（青花纸）

让纸多次吸收鸭跖草或大花鸭跖草的汁液，晾干后就是青花纸了。

因为用水清洗后颜色会消失，所以人们在染布时会利用它这个性质绘制纹样草图。

当成水溶性颜料。

描绘草图。

染色完成后用水清洗，草图就消失啦。

鸡屎藤

茜草科
多年生草本植物
身高：1~2 米
开花时间：7~9 月

　　它的蔓藤会缠绕在树篱上，开出可爱的小花。

　　自古就在日本生长，在《万叶集》中曾出现过。

　　叶或茎被揉搓后会发出臭味，据说这个味道可以防止虫子吃它的叶子。

 鸡屎藤的小伙伴们

拉拉藤
长在路边的草丛里。利用茎上长的小刺拉住其他植物伸长自己。果实上也有小刺，会钩在动物的身体或人的衣服上。

栀子
高 1~3 米的灌木，也会被种作树篱。白色的花会发出香甜的气味。黄色的果实干燥后，会用来给点心、腌萝卜干、布料等染上黄色。

东南茜草
长在山野处的蔓藤类草。它的根干燥并水煮后可以用来染布或染丝，布和丝会变成漂亮的红色。另外它的根熬成的汤，也被人们用作治疗感冒的药物。

✳ 来观察一下它的特征吧

细长的心形叶子。

从叶柄处长出分枝的茎，并开花。

叶子相对而生。

花的截面。

开花后结出的茶褐色果实。

茎会变成蔓藤伸长。

✳ 名字的由来

因为叶或茎被揉搓后会发出臭味，所以得了这个名字。

而且花朵倒扣过来后和做艾灸时用的艾条形状相似，所以日本人也叫它"灸花"。

它还有个日本名叫"早乙女花"。"早乙女"在日本古话里指的是插秧的女人。虽然有人说这个名字的来历，是因为鸡屎藤的花和早乙女戴的斗笠形状相似，但这种说法有待考证。

早乙女

✳ 鸡屎藤绳子

鸡屎藤的蔓藤非常结实难断，即使到了冬天也留在其缠绕的树木上。

过去的人们在山中或树林里收集烧火用的小树枝时，常将这种藤蔓作为绳子，把树枝捆绑起来。

✳ 鸡屎藤护手霜

鸡屎藤的果实里含有治疗冻伤的成分，把它混在商店卖的护手霜里一起涂吧！

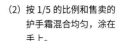

（1）把成熟的果实洗净后捣碎。

（2）按 1/5 的比例和售卖的护手霜混合均匀，涂在手上。

✳ 茜草染

鸡屎藤的小伙伴是东南茜草，它的根自古以来就被用作染料把布料染红。

（茜草染的例子）

（1）将东南茜草的根放在锅里用水煮，制成染液，冷却。

（2）将布多次浸在染液里，染上颜色。

（3）往植物灰烬里注入热水做成灰水，将染好的布浸在里面一会儿，这样颜色就不会脱落了。

（4）将布挂在背阴处晾干。根据布料的种类、制成灰水的植物等不同，颜色会有差别。

不仅是日本，在全世界范围内，茜草染都是古已有之的。特别是土耳其的传统茜草染，以其色彩浓烈而著称，并对 18 世纪的西洋织染物产生了影响。

7

葛

豆科
多年生草本植物
身高：1~2 米
开花时间：7~9 月

　　它会伸长蔓藤，在空地或堤坝上茂盛
生长。因为具有短时间内迅速覆盖地面的
特性，所以日本的葛甚至被运到美国种植，
用来绿化荒地。

　　花会散发出像葡萄一样的甘甜香气。

✳ **葛的小伙伴们**

两型豆
生长在树林旁的蔓草。花会开成
一串。此外，在土里还会长出一
种叫"闭锁花"的不开口花，而
且地里也会结出豆子。

野大豆
生长在原野或路边的
蔓草。用来做豆腐的大
豆，据说就是野大豆改
良后产生的品种。

闭锁花

荚

豆子

☀ 来观察一下它的特征吧

叶子3片一组。

藤上有发黄的毛。

花呈一串，从下往上依次开花。

从根部长出若干根藤，一根藤可以长达10~50米。

开花后结成的荚。

里面有8~10颗豆子。

在地里生长的粗壮的根，甚至能达到粗5厘米以上、长1~2米的程度。

☀ 名字的由来

据说以前在现今日本奈良县这个地方有个叫"国栖"的村子，它以用葛根做粉而知名。因此，日本人就用"国栖"来称呼葛（两者日语发音一样），并用表示蔓草的汉字"葛"作为它的书面语。

☀ 葛花料理

香气甘甜的葛花也会被用来做料理。摘一些葛花洗干净，把它撒在沙拉里，或是用来装饰冰淇淋和蛋糕吧！

☀ 葛粉的做法

从葛根提取出的淀粉，被称为"葛粉"。葛粉是制作葛饼、葛汤等的原材料。

(1) 将挖出来的葛根洗净后切成10厘米左右的段，用锤子等敲碎。

(2) 放在布袋里，浸在水中揉捏。

(3) 待淀粉沉积在底部后，撇去上层的水，换成清水。反复进行这个步骤。

(4) 等水都不浑了后，再撇去上层的水，放在背阴的地方晾干，成粉。

1千克根大约能提取50克葛粉。

葛汤
在水中加入葛粉和砂糖，用小火溶解。根据喜好还可以加入姜蓉和柚子。

☀ 葛布

从葛的蔓藤中抽丝织成的纺织物叫"葛布"，从过去开始就被用来做成衣服。

（从葛到布）

(1) 用水煮粗藤，并泡上半日。

(2) 把经（1）处理后的藤放在挖好的土坑里，上面覆盖芒草束和树脂薄膜，放置2~3天，使表皮腐败。

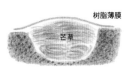

树脂薄膜

芒草

(3) 冲掉腐败的表皮，将表皮下的纤维剥出，洗净。

(4) 将取出的纤维用淘米水浸泡半日，洗净，晾干。

(5) 将纤维细细细劈开，捻成一股，制作成线，纺织。

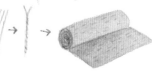

垂序商陆

商陆科
多年生草本植物
身高：1~1.5 米
开花时间：6~9 月

生长在路边或空地上，一棵植株可以长到像小树那么大。挤压果实流出的紫红色汁液可以用作给布或毛线染色的染料。

原产于北美，明治时代初期传到日本。

※ **垂序商陆的小伙伴们**

商陆
以前作为药草从中国传到日本，现在逐渐野生化，在山里或树林附近生长。它的果实是南瓜形的。

数珠珊瑚
原产于美国，作为庭院花卉引进日本。和垂序商陆比属于小型，高度只有 30 厘米。

※ 来观察一下它的特征吧

成为果实的部分。

看起来是花瓣的部分，其实是"花萼"（并没有花瓣）。

开花后结成的果实。

果实的截面。种子排列整齐。种子尤其有毒。

硕大的叶子，长度可达 20 厘米以上。

茎是紫红色的。

像马铃薯一样粗壮的根里储藏着养分。

※ 名字的由来

它是"商陆"的小伙伴，又因为是从美国传来的，所以日本人就加上表示西洋的"洋种"，叫它"洋种山牛蒡"（山牛蒡长得和商陆很像）。

住在美国东北部的阿米什人，以前会将垂序商陆果实榨汁做成墨水。因此，它还有英文名叫"Inkberry"（墨水浆果）。

※ 山野菜里的"山牛蒡"

在山野菜里被称为"山牛蒡"的根茎类蔬菜，指的是菊科的"森蓟"和"富士蓟"的根。请大家一定注意，有毒的垂序商陆、商陆是不能吃的。

牛蒡蓟（别名森蓟）

富士蓟

※ 垂序商陆的用法

垂序商陆是全株有毒的，所以一般来说不能吃。但是去除毒素后，它也可以被做成食品。

以前，人们为了让酒的颜色更漂亮，会在里面加入垂序商陆果实榨出的汁。

在美国，人们会将垂序商陆的嫩芽多次水煮去除毒素，然后作为肉类的配菜食用。

※ 垂序商陆药

以前美国原住民会将垂序商陆的根熬煎成湿疹药，还会用它果实的汁做成药用胶布，治疗伤口或肿块。

※ 垂序商陆花纸

挤一挤它的果实，来做花纸吧！

（1）摘一些黑色成熟的果实，用纱布或茶包袋包好，用手挤压。

（2）把挤出的汁放在平整的容器里，将和纸剪成喜欢的大小，在里面浸泡 30 分钟。

汁液有毒，绝对不能喝！

（3）待和纸充分染色后，平摊在纸上，晾干。

（4）晾干后，用蘸水的笔在上面画出花纹。

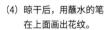

可以用它来折纸或者做成书签。

胡枝子

豆科
落叶灌木
身高：1~2 米
开花时间：7~9 月

　　长在光照充足的山坡上。细枝是做围墙和扫帚的材料，叶子则可以做茶的代替品或牛马的草料，自古以来它就是人们日用的植物。

　　胡枝子和它的小伙伴美丽胡枝子也被统称为"胡枝子"。

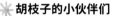 **胡枝子的小伙伴们**

锥序山蚂蝗
长在路边或空地上，豆荚上长有 2~3 处窄腰。

美丽胡枝子
据说日本宫城县有很多野生植株（日文名叫"宫城野萩"），特征是长花的茎很长，并且下垂。

截叶铁扫帚
长在河滩、草地等光照充足的地方，茎又硬又直。

12

✳ 来观察一下它的特征吧

花开成一簇。

开花后结出的荚，里面有1粒种子。

叶子3片一组。

从一根主干上伸出很多细枝。

✳ 名字的由来

日文名叫"山萩"，意思是"山中生长的萩"。至于"萩"的由来，一种说法是，因为早春时候这种植物枝头会发出很多芽，于是被叫作"萩"（日语中"发芽"与"萩"发音相似）；另一种说法是，因为这种植物的细枝扎在一起可以做扫帚，而日语中"扫帚"的发音也与"萩"相似。

发芽

✳ 胡枝子围墙和竹帘

自古以来的日本建筑物中就有一种叫"柴垣"的围墙，是用细树枝做成的。胡枝子就是人们做柴垣时爱用的材料。此外，截叶铁扫帚笔直的茎也是做竹帘的材料。

竹帘 →

柴垣

✳ 做个胡枝子扫帚吧

胡枝子柔软的枝条很适合做成扫帚。

（材料）

● 一束胡枝子枝条。

● 直径约1.5厘米、长约80厘米、尽可能笔直的木棍或竹棍（做扫帚柄）。

● 约1米长的细铁丝。

(1) 把胡枝子枝条束的一端对齐，在长约50厘米的地方整齐地剪断。

(2) 取做柄的木棍或竹棍，在前端约10厘米的地方用细铁丝捆住胡枝子枝条。

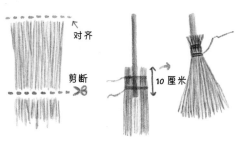

对齐

剪断

10厘米

枝条要提前几天割好，晾干。

✳ 秋之七草

《万叶集》中有一首歌咏唱了七种秋天绽放的草花，其中就包括胡枝子。

虽然春之七草是用来吃的，但秋之七草却是用来观赏以品味秋日气息的。

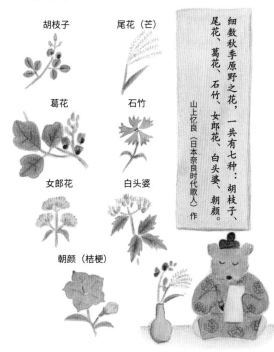

胡枝子

尾花（芒）

葛花

石竹

女郎花

白头婆

朝颜（桔梗）

细数秋季原野之花，一共有七种：胡枝子、尾花、葛花、石竹、女郎花、白头婆、朝颜。

山上忆良（日本奈良时代歌人）作

芒

禾本科
多年生草本植物
身高：1~2 米
开花时间：7~9 月

秋日风物——芒。闪着金光的芒穗在风的吹拂下整片整片如波浪般翻腾，此种景象乃是日本最有代表性的风景之一。此外，在赏月的时候，芒作为装饰品也是不可或缺的。

芒生长在光照充足的山野间，也是著名的造屋顶材料。

 芒的小伙伴们

荻
生长在河边。根会横向延伸，从节处发芽，扩散到附近整片地区。身高 1~1.5 米。

芦苇
也叫"苇"，在水边成群生长。在全世界都有野生植株，身高 1.5~2 米。

✳ 来观察一下它的特征吧

细细的茎长出分枝，上面排列着小花。

花上长着叫"芒"的毛。

果实。

尖细的叶子。

从根系伸出许多的茎。

✳ 名字的由来

虽然"芒"这个名字在《万叶集》里也出现过，其由来却不太清楚。在日语里，芒的小伙伴被统称为"萱"。有人认为，这是因为人们把它们割下来修建屋顶，塞满了"刈屋"（"萱"和"刈屋"的日语发音相似），所以得名。

芒花也被称为"尾花"，据说这是因为人们把它的花穗比成了马、狐狸等动物的尾巴，所以这么叫它。

✳ 寄生于芒的植物

芒的根系上，有时会寄生一种叫"野菰"的植物。

芒

野菰
日文名叫"南蛮烟管"。日语中南蛮指西洋，烟管指烟斗。这个名字是从烟斗形的花得来的。

野菰的根从芒的根获取营养。

✳ 草葺屋顶

所谓草葺，指的是将草茎扎成束来建造屋顶。草葺是很久很久以前、最古老的造屋顶方法之一。

冬天干枯的芒草茎经常被用来做草葺屋顶。干枯的茎里形成的空洞富含空气，可以有效隔绝外界的寒暑。在其他国家，人们也会使用芦苇或麦秆。

（草葺建筑物的例子）

很久以前的竖坑式住宅

不只是屋顶，全屋都是草葺的。

英国的古代农家

古代民居

被地炉的烟熏黑的草葺屋顶，可以保持使用几十年。

地炉

✳ 用芒穗扎个猫头鹰吧

（1）将 3 根芒穗像图示那样用橡皮筋扎成一束。

（2）用龙葵（17 页）果实做眼睛，把剪断的芒茎折断后做成耳朵和鸟嘴。

像吗？

马齿苋

马齿苋科
一年生草本植物
身高：10~30 厘米
开花时间：8~9 月

生长在路边、空地等光照充足的地方。
黄色的小花只在早上太阳直射的时候
绽放。叶子可作为食品储存，叶子的汁也可
做治疗蚊虫叮咬的药。总之，从很久以前就
是人们日用的植物。

❊ 马齿苋的小伙伴们

土人参
生长在路边。下午 3 点左
右开始开花，所以日本人
也叫它"三时花"。原产
于南美。

环翅马齿苋
庭园花卉，日本人也叫它
"马齿苋"。原产于南美。

❊ 名字的由来

"苋"是它的某个体格更大的小伙伴的
中文名。它的日文名意思是"滑苋"。"滑"
是因为马齿苋水煮后会变得黏黏糊糊滑溜
溜的，所以人们从"滑溜溜的苋"这个意思出
发，取了这个名字。

❊ 来观察一下它的特征吧

只在早上开的花。
太阳落山后就
会闭合。

花瓣有 5 片，
花萼有 2 片。

叶子肥厚，
椭圆形，
滑溜溜的。

开花后结出的果
实，里面是满满
的种子。

略粗的茎。

❊ 山形县的名产：马齿苋菜谱

马齿苋在山形县被叫作"苋"，是人们
熟悉的蔬菜。人们在地里种它，还会在店里
打包售卖。

（凉拌苋）
迅速焯一下后，泡着酱
油或大蒜酱油吃。有些
许酸味和滑腻感，很好
吃哦。

（苋干）
盛夏摘取后晒干而成。
用水泡发后，和竹轮、
胡萝卜等一起煮，就可
以做成新年菜肴啦。

龙葵

茄科
一年生草本植物
身高：30~50 厘米
开花时间：8~10 月

生长在路边。会开小白花，结出小茄子一样的黑色果实。自古在日本生长，平安时代也被叫作"小茄子""草茄子"。

全株都有解热等功效，被作为中药使用。

❋ 龙葵的小伙伴们

北美刺龙葵
因为有刺，扎到会痛，所以日语名叫"恶茄子"。果实和叶子都不能吃。

挂金灯
自古以来就被人种植，可做成食品和药。

东美龙葵
和龙葵非常像，但是花大部分是淡紫色的。

❋ 名字的由来

日文名叫"犬酸浆"。因为和可食用的挂金灯（日文名"酸浆"）相比，它对人来说是有毒的，不能吃，所以取"给狗吃的酸浆"这个意思，起了这个名。至于"酸浆"的由来则有各种各样的说法，例如据说以前有种叫"酸"的臭虫喜欢趴在它的茎上，所以得名等。

❋ 来观察一下它的特征吧

5~6 朵花聚成一簇绽放。

花瓣有 5 片，后弯翘起。

开花后结出果实，成熟后变黑。

叶子边缘略有锯齿。

❋ 做个兔子吧

利用龙葵的果子，做个兔子吧。

（1）拿一个王瓜果实，像图示这样用美工刀划出刀痕，再用竹签戳出约 1 厘米深的洞。

（2）往刀痕里插入两片细长的叶子做耳朵，再拿带柄的龙葵果实插在洞里做眼睛。

宽叶香蒲

香蒲科
多年生草本植物
身高：1.5~2 米
开花时间：7~9 月

大量聚集在河流、池塘等水边区域。茶色香肠一样惹眼的花穗是雌花的花簇，上方细细的部分是雄花的花簇。

雄花的花粉据说有疗伤的功效，被用于做药。

✳ 宽叶香蒲的小伙伴们

长苞香蒲
花穗很细，雄花的穗和雌花的穗彼此分离。

香蒲
和宽叶香蒲很像，但整体要小一圈，所以可以辨别。

✳ 来观察一下它的特征吧

雄花的花穗。

嫩嫩的花穗。

雌花的花穗。

笔直的茎。

开花后结成的种子，带着柔软的毛。

茎的根部长在浸水的地方。

✳ 因幡的白兔神话

宽叶香蒲的花粉有疗伤的效果，这件事从很久以前就为人们所知，在《古事记》里就有这样一个故事。

住在因幡国（今天的日本鸟取县）的神大国主命某天遇到了一只全身皮肤剥落而哭泣的白兔，大国主命对白兔说："你用淡水清洗身体，将宽叶香蒲的花穗铺好，躺在上面就好了。"白兔照做后，伤就痊愈了。

蔺 (lìn) 草

灯芯草科
多年生草本植物
身高：50~80 厘米
开花时间：7~10 月

生长在微湿含土的草地上，茎自古以来就被编成帽子、席子等等，是人们日用的植物。

经过品种改良后，茎变得愈发细而硬，被日本人称为"小髭"，用于编草席的表层。

✳ 蔺草的小伙伴们

坚被灯芯草
长在路边，全株纤细，身高 30~50 厘米。

地杨梅
长在光照充足的草地上，叶子周围有毛。和具芒碎米莎草很像，但其实不同，开花时间是 4~5 月。

具芒碎米莎草
莎草科植物，长在空地上。

✳ 名字的由来

有人认为它的日文名发音是从中文"蔺"变化而来的，但究竟是否如此不太清楚。

✳ 来观察一下它的特征吧

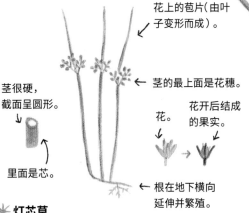

花上的苞片（由叶子变形而成）。

← 茎的最上面是花穗。

茎很硬，截面呈圆形。

里面是芯。

花。　花开后结成的果实。

← 根在地下横向延伸并繁殖。

✳ 灯芯草

蔺草的茎里有一种白色海绵质地的芯，过去人们管抽出来的芯叫"灯芯"，把它浸在菜籽油里点上火，就成了灯。因此，蔺草也被叫作"灯芯草"。

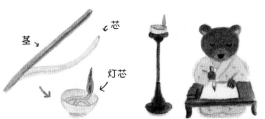

茎　芯　灯芯

黄花月见草

柳叶菜科
二年生草本植物
身高：50~80 厘米
开花时间：7~10 月

夏秋之际的黄昏时分，长在河滩上的黄花月见草会开出很多黄色的花。

原产于美国，明治时代以后传到日本。有人认为，美国原住民自古就用它来制药和做食物。

✳ 黄花月见草的小伙伴们

待宵草
原产于南美。别名"宵待草"，这个名字据说是因为大正时代画家竹久梦二写《宵待草》这首歌时搞错了。

美丽月见草
白天开花。本来作为庭院花卉从美国引进到日本，现在路边已有了野生植株。

✳ 名字的由来

日文名叫"大待宵草"。"宵"指黄昏，因为它黄昏开花，所以取"等待黄昏"之意叫它"待宵草"；又因为比待宵草要大，所以叫"大待宵草"。此外因为夜里开花，所以也叫它"月见草"。

✳ 来观察一下它的特征吧

花瓣有
4 片。

叶子细长。

花开在茎的上端。

开花后结出的果实以及里面的种子。

茎上有细毛。

✳ 黄花月见草的用法

黄花月见草在美洲、欧洲是可以食用和药用的。

（种子榨油）
塞在胶囊里，做成治宿醉的药。

种子

（茎与叶）
干燥后做成茶，可以缓解咳嗽。

（根）
稍有甜味，所以用水煮后可以做成沙拉或用醋腌渍。

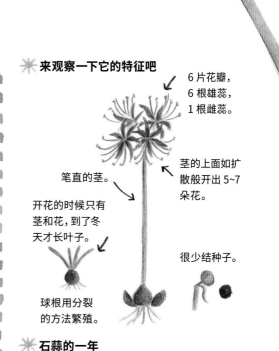

石蒜

石蒜科
多年生草本植物
身高：30~50 厘米
开花时间：9 月

秋分时节前后，在田边河滩上，它会开出如燃烧般火红的花。

虽然全株有毒，但在过去食物不足的年代，人们曾把它的根磨成粉，多次水洗过后做成饼吃。

✳ 石蒜的小伙伴们

朱顶红
原产于南美，开花硕大，常用于盆栽。

水仙
原产于地中海区域，据说平安时代传到日本。在近海的原野上野生，全株有毒。

✳ 名字的由来

因为在日本季候中的秋之彼岸（秋分前后 7 天）开花，所以又名"彼岸花"。别名"曼珠沙华"是梵语名，据说与印度古语言中指"天上红花"的词有关。

✳ 来观察一下它的特征吧

6 片花瓣，
6 根雄蕊，
1 根雌蕊。

茎的上面如扩散般开出 5~7 朵花。

笔直的茎。

开花的时候只有茎和花，到了冬天才长叶子。

很少结种子。

球根用分裂的方法繁殖。

✳ 石蒜的一年

石蒜是在开花之后，到了冬天才长叶子。冬天里没有其他植物妨碍，石蒜充分沐浴在阳光下，叶子合成养分，储存在球根中。到了春天叶子枯萎，夏天就只剩球根了。

（冬）　（春）　（夏）　（秋）

旱稗（bài）

禾本科
一年生草本植物
身高：0.8~1.2 米
开花时间：7~9 月

夏末秋初，在光照充足的空地或河边，可以看到沉甸甸的稗谷随风摇动的样子。

它的谷种对鸟、鼠等小动物来说是可口的美食。

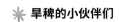 旱稗的小伙伴们

硬质早熟禾
长在路边或河滩上，身高 40~60厘米，茎细且硬。据说，以前人们会用它的茎把摘下来的草莓穿起来带回家，所以日本人叫它"莓系"。

早熟禾
长在光照充足的路边或沥青路裂缝里，是一种身高只有 20~30厘米的小草。日文名叫"雀之帷子"。"帷子"是和服的一种，因为全株小小的，所以按"麻雀的和服"的意思，取了这个名字。

薏米
长在河边，身高 1 米左右。它的果实穿起来可以做成念珠玩，所以日文名叫"数珠玉"（数珠就是念珠）。有名的薏米茶，就是它改良后的植物做成的。

❋ 来观察一下它的特征吧

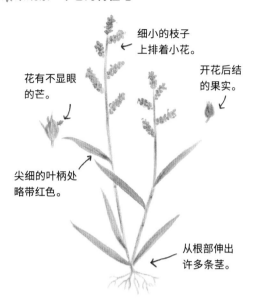

细小的枝子上排着小花。

花有不显眼的芒。

开花后结的果实。

尖细的叶柄处略带红色。

从根部伸出许多条茎。

❋ 名字的由来

　　稗是一种谷物。旱稗在日语里写作"犬稗"。之所以加上"犬"，是为了表示"人类用不上"。即根据"不能吃的稗的同类植物"这个意义，起了这个名。

❋ 杂粮饭

　　"杂粮"指的是除米和麦子之外可以吃的谷物，稗子也是其中之一。据说日本的稗子是很久以前从旱稗改良而来的。

稗子

杂粮饭很有营养哦！

　　除此之外，粟、黍也是有代表性的杂粮。

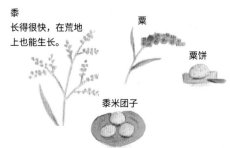

黍
长得很快，在荒地上也能生长。

粟

粟饼

黍米团子

❋ 禾本科的植物

　　旱稗的禾本科小伙伴中，有很多都是我们日常饮食中不可或缺的。

米
原产于亚洲，直接蒸或煮了就可以吃，也可以磨成粉做饼或团子。

大麦
大多数人认为它原产于西亚，可以做成大麦茶，也是威士忌的原料。

小麦
因为壳很硬，所以磨成粉后做面包或面条类食物的吃法较为常见。

玉米
原产于美洲，可以直接吃也可以做成粉，同时还是牛马的重要饲料。

甘蔗
是玉米的近亲。茎中富含的甜味液体熬干后，可以制成砂糖。

❋ 巢鼠的住处

　　巢鼠是一种小型鼠类，它们喜欢在旱稗、芒草等高个子禾本科植物生长繁茂的地方定居。从春天到秋天，它们会在茎干之间收集叶子，做成圆形的小巢，在里面生儿育女。

可供巢鼠筑巢的草木繁茂地正在减少，所以如果看到它们的巢，请不要打扰，悄悄地守护它们吧！

薄荷

唇形科
多年生草本植物
身高：30~50 厘米
开花时间：8~10 月

凭叶子的清爽香气而为人们熟知。据说即使在全世界的薄荷小伙伴之中，日本薄荷也是气味最浓烈的一种。

生长在河滩等略湿润的地方，自古以来就被用于制作胃药等药品。

❋ 薄荷的小伙伴们

韩信草
生长在树林边或原野上。开花时花瓣朝向同一个方向，所以日本人将这姿态比作高扬的海浪，叫它"立浪草"。

紫苏
在日本，人们自古以来就种植它做香料。

辣薄荷
在西方，人们自古以来就用它做药草。

❋ 名字的由来

日文名是从中文名"薄荷"变音成的。也有人说是因为即使运来很多叶子，从叶子里提取出的药用油也很少，所以为了表达"稀薄"的意思，给它起名"薄荷"。

❋ 来观察一下它的特征吧

小小的花开在一起。

叶子的边缘是锯齿状的。

开花后结出的种子。

茎的截面是四边形。

每组叶子相对而生，并且方向交替变换。

根在土地里延伸，长出新芽来繁殖。

❋ 薄荷的用法

来享用薄荷叶的香气吧！

（茶）
摘几片新鲜薄荷叶洗干净，注入沸腾的热水。因为可以帮助消化，建议饭后喝。

（放松疲劳的双眼）
将摘下来的叶子稍微揉几下发出香味，然后放在眼睛上。

王瓜

葫芦科
多年生草本植物
身高：3~10 米
开花时间：8~9 月

　　伸长的蔓藤会缠绕在树枝等地方。夏日夜晚会开出宛如蕾丝般的白花，夜间活动的飞蛾等会来采它的蜜。

　　成熟后变成红色的果实，装点了秋天到初冬的森林。

✳ 王瓜的小伙伴们

栝（guā）楼
长在森林或灌木丛中，果实成熟后是黄色的。

刺果瓜
原产于北美，长在空地或堤坝上。

✳ 栝楼儿童爽身粉

　　用锤子捶击挖出洗净的栝楼根，用布包住在水中揉捏，使淀粉积在水底。干燥后的粉末被日本人称为"天瓜粉"，因为干爽易吸水，从以前开始就被人们当成儿童爽身粉使用。

✳ 来观察一下它的特征吧

花瓣的末端犹如蕾丝般细细地镂空。

雌花。

分成开花只有雄蕊的雄株和开花只有雌蕊的雌株。

雄花。

开花后结出的果实及其中的种子。

延伸的蔓藤。

✳ 名字的由来

　　因为是人不能吃的瓜，所以日本人取"给乌鸦的瓜"这个意思，叫它"乌瓜"。又因为它的种子和过去人们寄信时系在树枝上的书信很像，所以它还有个别称叫"玉章"（是书信的日文雅称）。

种子　　玉章

贴毛苎麻

荨麻科
多年生草本植物
身高：1.5~2.5 米
开花时间：7~9 月

生长在河滩上，一棵植株也可以长到像树一样大。

长长的茎皮里剥出的纤维，自古以来就被用来织布。在中国和朝鲜半岛也有野生植株。

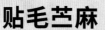 **贴毛苎麻的小伙伴们**

毛花点草
长在山野的略背阴处。身高只有 10~30 厘米，会伸长水平匍匐的茎用于繁殖。花很小，不显眼。

悬铃叶苎麻
长在河滩上或树林边，身高 1~2 米。

✳ 来观察一下它的特征吧

茎的上方开雌花(只有雌蕊的花)。

叶子边缘是锯齿形的。

小小的花聚成一团,长在细细的茎上端。

笔直坚硬的茎。

茎的下方开雄花(只有雄蕊的花)。

✳ 贴毛苎麻织物

贴毛苎麻做成的布,在 15 世纪广为流传,以前常被人们用于制作日常衣着。

（贴毛苎麻怎么做成布）

(1) 将贴毛苎麻的茎割下后剥皮,去除肉质部分后,留下纤维。

这种纤维被日本人称为"青苎",以前人们会在市场上买青苎,回家后手工做成线。

(2) 将干燥后的纤维用手分成细丝,捻成一股,做成线。

(3) 将线织成布,再缝成衣服。

✳ 各种各样的麻

贴毛苎麻的茎做成的布被称为"麻"或"苎麻"。

"麻"还有一个意思,统称由苎麻、大麻、亚麻、葛等植物的茎、蔓获得的纤维或制成的布。

（主要的麻）

大麻

在日本,人们自古以来就种植大麻,它是制衣的必要材料。而且神社也将其奉为神圣的布。有人认为,本来"麻"指的就是大麻,后来人们就将所有类似大麻布的布都称为"麻"。因为它也可以做成毒品,所以栽培大麻需要获得许可。

大麻

亚麻

它的茎中能取得纤维。明治时代从欧洲传到日本。

亚麻

✳ 越后上布

自古以来,越后国[今日本新潟(xì)县]所产的上等苎麻布,就有"越后上布"的称号。

冬天,人们把苎麻布铺在积雪上,在融雪的水蒸气和紫外线的作用下,就可以褪去纤维本身的淡茶色。当时制作纯白的布是很难的,但用这个办法就可以获得纯白的布。

"上布"指的是优质的麻布。除了越后外,近江(日本滋贺县)、宫古(日本冲绳县)等地区生产的上布也很有名。

近江上布又薄又滑。

宫古上布主要是蓝染出名。

野原蓟 (jì)

菊科
多年生草本植物
身高：40~90 厘米
开花时间：8~10 月

　　如名所示，生长在阳光好的原野上，多见于日本本州中部以北地区。

　　叶子上有扎人的刺，但因为花中含有大量花蜜，所以蜜蜂蝴蝶络绎不绝。

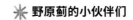 ❋ **野原蓟的小伙伴们**

野蓟
长在路边或原野上，开花时间比野原蓟早，在 5~8 月。总苞片（花底部的鳞状叶）黏糊糊的。叶子可以吃，而且茎、叶和根都曾被做成胃药等药品。

大狼杷草
长在路边或河滩上。原产于北美，近年来在日本各地都能见到。

伪泥胡菜
生长在山野光照好的地方。花和野原蓟很像，但叶子上没有刺。

※ 来观察一下它的特征吧

总苞片
向外张开。

花是管状花
（见第 39 页）
的集合。

叶子是锯齿状。

开花后结的种
子上有茸毛。

叶梢是尖刺。

茎上有一层薄毛。

※ 名字的由来

根据"原野上多见的蓟"这个意思而得名。关于"蓟"这个字，有些说法认为和冲绳县语言里表示"刺"这个意思的词有关，但具体情况还是不太清楚。

※ 北海道的蓟

在北海道生长着一些蓟，它们和本州以南地区的品种稍有不同。

虾夷泽蓟　　　阿波伊蓟

自古住在北海道的阿伊努人会将蓟的小伙伴们煮汤食用，或者熬成治疗脚气（因缺乏维生素 B_1 而导致的手脚发麻或浮肿）的药。

※ 可以吃的蓟：菜蓟

法国料理的著名食材菜蓟就是蓟的小伙伴。它的花蕾可以食用，有微微的酸味和芳香的味道。

身高 1~1.5 米，
可以开出直径 15
厘米以上的硕大
花朵。

总苞片
剥下来用盐水煮后，
底部的肉质部分可
以吃。

剥去总苞片后剩下的芯用盐水
煮并切成片后，可以放在意大
利面或沙拉里。

※ 以蓟命名的葡萄产地

蓟的法语名叫"Chardon"。酿造白葡萄酒的著名葡萄品种"Chardonnay"（霞多丽），就是长在意为"蓟之地"的霞多丽村。

※ 苏格兰国花

在苏格兰，有这样一个关于蓟的传说。

很久以前，盘踞在挪威的维京海盗打算进攻苏格兰。

晚上，维京海盗们正悄悄靠近村子，结果赤脚踩在野生的蓟上，疼得大叫起来。苏格兰人被叫声惊醒，于是成功击退了入侵的维京海盗。

从那以后，蓟就成了苏格兰国花，蓟的形象也常被人们用于设计纹章。

魁蒿

菊科
多年生草本植物
身高：0.5~1.2 米
开花时间：9~10 月

　　长在光照充足的路边或河滩上，春天生的嫩叶是有名的草饼原料。

　　叶子微甜，并有清爽香气。无论在亚洲还是欧洲，自古以来都用作药草。

 魁蒿的小伙伴们

加拿大一枝黄花
原产于北美，20 世纪 60 年代开始在日本扩散，成为杂草。根会释放干扰其他植物生长的成分，所以能成片扩散。但若繁殖过多，也会因此成分而减少植株数量。

豚草
原产于北美，昭和时代传到日本成为杂草，在各地扩散。因为花粉乘风传播，所以也被认为是引发花粉症的原因之一。

中亚苦蒿
叶子非常苦，在欧洲自古以来就被用作药草。

小蓬草
长在空地上，身高可达 1.5 米以上。是春飞蓬的近亲，明治初期从北美引进日本。

✳ 来观察一下它的特征吧

秋天开花时，植株上的叶子是细长的。

花是小型管状花（见第 39 页）的集合。

早春长出的叶子宽大，边缘有锯齿。

开花后结的种子。

叶子背面有发白的毛。

✳ 名字的由来

有种说法认为它的日文名发音是"容易着火的树"的日文发音缩略变化而成的。因为会用来做草饼，所以它还有个日文别名叫"饼草"。

✳ 魁蒿的用法

魁蒿有各种各样的效用。

（把叶子熬煮后饮用）净化血液，促进消化。

（熬出的汁液冷却后洒在院子里）可防虫。

将 5~8 克叶子用 400 毫升水熬煎后，可供一日饮用。

（魁蒿浴）
将摘下的魁蒿叶子成束包在布袋里，放在浴缸中。据说对腰痛等有效果。

（艾灸）
将魁蒿叶背的白毛收集起来，就叫"艾绒"。将艾绒做成小小的圆锥体，放在后背等处，用火点着，在热刺激和魁蒿成分的效果下，可以缓解疾病和疲劳。

制作艾绒

(1) 将一碗魁蒿叶放在向阳处干燥 1~2 天。

(2) 在笊篱上按压干燥的叶子，叶子掉落后，叶背的毛就会像绵一样软软地留下来，这就是艾绒。

✳ 用春天的魁蒿做点心

利用春天魁蒿叶的甜味和香气，来做美味的点心吧。

（魁蒿煎薄饼）

(1) 摘一杯春天的魁蒿嫩芽，洗净后焯一下，切碎。

(2) 和制作煎薄饼的原料、鸡蛋、牛奶等混合搅拌，煎熟。

（草饼）
将用盐焯过并切碎的嫩芽和糯米混在一起，做成饼。

在里面加入豆馅，再涂上黄豆粉，就可以吃了。

此外，在韩国人们会用它做汤，在欧洲人们则将它用作肉菜的填充物。

✳ 与魁蒿有关的朝鲜半岛神话

传说，太阳神之子桓雄在陆地上创造了国家，于是熊和虎过来说："请把我们变成人，让我们也加入吧。"

桓雄将 1 束魁蒿和 20 颗大蒜给它们，告诫说："只要吃了这些并在洞穴里闭关 100 天，就可以变成人。"

老虎不愿意，迅速逃走了。熊却忍耐下来，过了 20 天后变成了一个女人，做了桓雄的妃子。不久以后她生了一个孩子，这就是开创了朝鲜国的国王"檀君王俭"。

戟（jǐ）叶蓼

蓼科
一年生草本植物
身高：30~60 厘米
开花时间：8~11 月

在水边或田边等湿润的地方茂密生长。

像金平糖（编者注：日本一种外形像星星的小糖果粒）一样可爱的花，其实是小花聚成一团。花色多种多样，有泛白的，有全粉的，还有只有尖端深粉色的，等等。

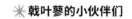

※ **戟叶蓼的小伙伴们**

刺蓼
花和戟叶蓼很像，但茎上有一碰就扎人的倒生刺。叶子是三角形的，和扛板归的叶子很像。

花被

扛板归
茎上有倒生的尖刺。包住果实的"花被"部分，呈现出绿色、紫红、青色等各种美丽的颜色。

荞麦
除了作为庄稼种在田里外，在河滩上也有野生植株。

头花蓼
园艺植物，可以横向繁殖得很广，并覆盖住地面。

❋ 来观察一下它的特征吧

茎上有不扎人的倒生小刺。

看似花瓣的部分，其实是萼片。

叶柄处的小叶子"托叶"，有张开和闭合两种形态。

开花后结出的种子。

张开的托叶。

闭合的托叶。

叶子上有"V"字花纹。

下面的茎在地面匍匐，生根繁殖。

钻入土里的茎会开一种叫"闭锁花"的不开口花。

❋ 名字的由来

　　日文名也叫"沟荞麦"。以前食物不足的时候，人们会吃它的叶和果来代替荞麦；又因为它多生在水沟等水边区域，所以就依据"水沟处的荞麦"这个意思而得名。

　　又因为叶子的形状和牛的脸很像，所以它还有个日文别名叫"牛额"。

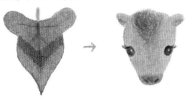

❋ 戟叶蓼食谱

　　戟叶蓼的嫩叶是可以吃的。摘一点洗干净，做成菜肴吧！

天妇罗
将摘下的叶子洗干净，裹一层薄薄的面衣油炸。

拌菜
用放了少许盐的热水焯一下，然后在冷水里浸泡1~2小时去除涩味。再放入木鱼干和酱油，就可以吃啦！

❋ 荞麦的故事

　　原产于中亚，很久以前就传到了日本。即使在贫瘠的土地上也能生长，自古以来，它的果实和果实做成的荞麦粉就是人们的粮食。

荞麦果实

去壳后就是荞麦米

荞麦粉

（烫荞面糕）

用荞麦粉揉成的团子。这是自古以来的吃法，在欧洲也有这种吃法。

（干荞麦面，汤荞麦面）

将荞麦粉做成面，是江户时代开始流行的吃法。

（荞麦菜粥）

德岛县的名产。将烫过的荞麦果实放在高汤里煮，再放入竹轮、胡萝卜、葱等等。

（荞麦粉可丽饼）

法国布列塔尼半岛的当地食物。在荞麦粉里加入鸡蛋、牛奶，煎成薄饼，包上培根、蘑菇，就可做主食了。

❋ 戟叶蓼的山野菜小伙伴

　　和戟叶蓼同属蓼科的小伙伴里，还有两种不宜多食的山野菜。

酸模
常见于空地上或田地边。叶子有爽口的酸味，嫩叶可做成沙拉，也可以焯过后做成凉拌菜。

虎杖
多生长于河滩上，分成雄花植株和雌花植株。初春钻出土的嫩茎可以直接做成沙拉或腌菜，也可以煮过后再做。

初春的模样 （腌菜）

酸模和虎杖吃多了都对身体不好，请格外注意。

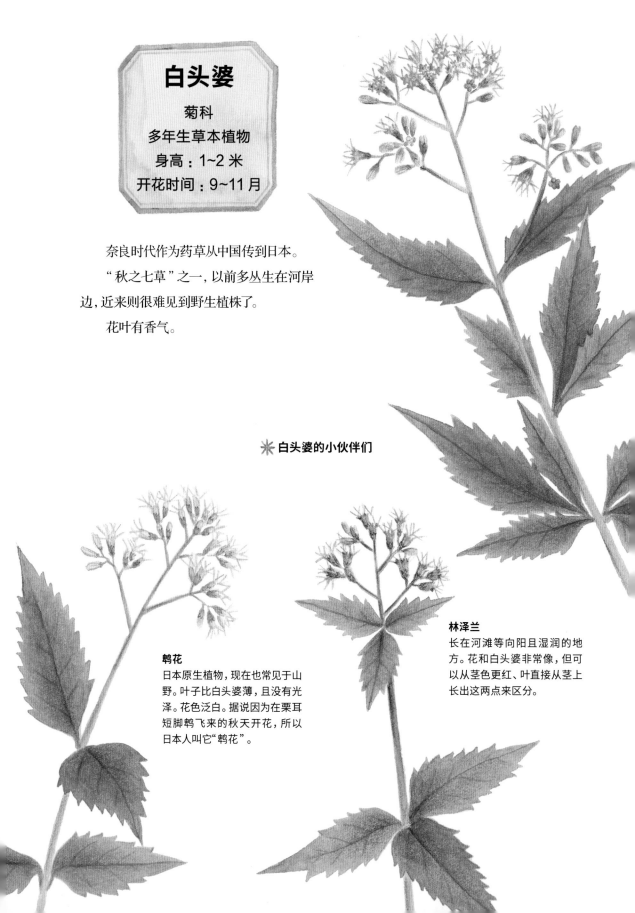

白头婆

菊科
多年生草本植物
身高：1~2 米
开花时间：9~11 月

奈良时代作为药草从中国传到日本。

"秋之七草"之一，以前多丛生在河岸边，近来则很难见到野生植株了。

花叶有香气。

✳白头婆的小伙伴们

鹎花
日本原生植物，现在也常见于山野。叶子比白头婆薄，且没有光泽。花色泛白。据说因为在栗耳短脚鹎飞来的秋天开花，所以日本人叫它"鹎花"。

林泽兰
长在河滩等向阳且湿润的地方。花和白头婆非常像，但可以从茎色更红、叶直接从茎上长出这两点来区分。

✳ 来观察一下它的特征吧

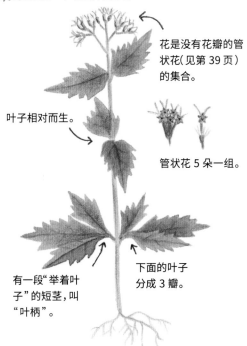

花是没有花瓣的管状花（见第 39 页）的集合。

叶子相对而生。

管状花 5 朵一组。

下面的叶子分成 3 瓣。

有一段"举着叶子"的短茎，叫"叶柄"。

✳ 名字的由来

日文名叫"藤袴"。有人认为这是因为白头婆管状花里伸出两只雌蕊的样子被人们比喻成了"袴（裤裙）"，但并不清楚具体是否如此。

← 雌蕊

← 袴

也有人认为，9 世纪写成的古书《日本书纪》里出现的植物"兰"，指的就是藤袴。

✳ 白头婆小伙伴里的药草

在欧洲，有一种和白头婆很像的小伙伴叫"大麻叶泽兰"，自古就被人们用作药草。

将茎叶捣碎。

大麻叶泽兰
将茎叶捣碎后倒入煮沸的牛奶里，可以做成止咳药。

✳ 享受白头婆的香味

白头婆花香柔和，半干的叶子则有樱花叶一样的清爽香气。

因此，过去的中国女性会把白头婆花插在头上，或把它的花叶放在袋子里做成香囊。

白头婆泡澡剂
将白头婆花叶在背阴处晾一天，干燥后用纱布包着放在洗澡水里，有止痒的功效。

✳ 白头婆衣装配色

"衣装配色"指的是平安时代的十二单、下袭等衣物（编者注：日本传统服饰）的颜色搭配，人们参照各季的花草为它们命名。

名为"白头婆"的衣装配色，便是内外都是紫色。

白头婆　　　　　　　胡枝子

桔梗　　　　　　　女郎花

十二单

下袭

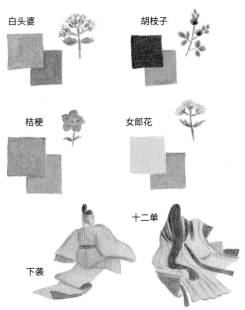

圆锥铁线莲

毛莨科
多年生草本植物
身高：1~2 米
开花时间：8~10 月

是人们熟知的庭院植物铁线莲的小伙伴。在河滩上伸展蔓藤茂盛成片，开白花。

虽然全株有剧毒，但据说根有止痛的药效，所以也用于中药。

❋ 圆锥铁线莲的小伙伴们

日本铁线莲
花像吊钟一样向下开，所以日语名也叫半钟蔓。长在树林里。

女萎
和圆锥铁线莲很像，但叶子边缘有锯齿。

铁线莲
也叫"铁线"。以多种圆锥铁线莲小伙伴为基础改良而成，有许多品种。

❋ 名字的由来

日文名叫"仙人草"。因为种子上的白毛看起来像仙人的胡子，所以得名。

毛→
种子↑

❋ 来观察一下它的特征吧

看起来像花瓣的萼片，有 4 片。

叶子光溜溜的没有锯齿，3~7 片一组。

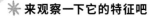

开花后结的种子，带着白毛。

❋ 圆锥铁线莲和忍冬

有毒的圆锥铁线莲会长在嫩芽可以食用、药用的忍冬附近。它们同是蔓藤草类，叶子的形状又有点像，所以大家注意别搞混了。

忍冬
忍冬科
叶子每片都是相对而生的（圆锥铁线莲则是 3~7 片 1 组）。
5~6 月开花，吸食花底部会有甜味。

异叶蛇葡萄

葡萄科
落叶灌木
身高：1~2 米
开花时间：8~9 月

长在山野向阳处。

到了秋天，果实会从黄绿色变成白、紫红、青等漂亮的颜色。

果实不好吃所以不能食用，但根煎煮后可以做成药。

✳ 异叶蛇葡萄的小伙伴们

紫葛葡萄
生长在山林中的落叶乔木，果实很好吃。

乌蔹莓
长在空地上或路边。叶子 5 片一组。果实有甜味，但基本都有虫，所以不能吃。

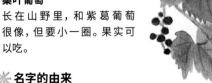

桑叶葡萄
长在山野里，和紫葛葡萄很像，但要小一圈。果实可以吃。

✳ 名字的由来

日文名是"野葡萄"，意思是"长在野外的葡萄"。

✳ 来观察一下它的特征吧

叶子的对面会长出弯弯的须。

叶子裂成 3 瓣，四周有锯齿。

每到长叶子的关节，蔓藤就会折成 Z 字形。

花不显眼，有 5 片花瓣，5 根雄蕊。

开花后结的果实。

里面的种子。

✳ 五彩果实的秘密

本来成熟后的野葡萄果是紫红色的。但是，如果果实中有"花椒瘿蚊"这种小蝇的幼虫，或是"葡萄羽蛾"这种蛾子的幼虫，寄生的部分就会变化，果实也会变大。另外，果实也会变成水青、蓝紫等颜色。

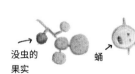

没虫的果实

蛹

花椒瘿蚊

葡萄羽蛾

花叶马兰

菊科
多年生草本植物
身高：0.3~1 米
开花时间：8~11 月

长在山野、河滩等微湿柔软的土地上。

在《万叶集》中也有记载，自古以来便是日本人的食物。

日本人也将它与野绀菊等小伙伴统称为"野菊"，是人们熟知的秋日风物。

❊ 花叶马兰的小伙伴们

野绀菊
长在山野处，和花叶马兰很像，但分枝较多，开花也多。

粗毛牛膝菊
据说原产于美洲热带地区，大正时代在日本扩散。日文名叫"扫溜菊"，据说是因为多生于路边垃圾堆（垃圾回收站，日文叫"扫溜"）等地方，由此得名。

苍耳
长在路边或河滩上。果实椭圆形，带刺。成熟后的果实可做中药材。

✳ 来观察一下它的特征吧

花是管状花和舌状花（参考右下）的集合（管状花的周围环绕着舌状花）。

细茎。

舌状花。　管状花。

开花后结的果实。

叶子上的小裂口。

靠根在地下蔓延、发芽来繁殖。

✳ 名字的由来

花叶马兰的日文名又叫"嫁菜"。"嫁"字在日语中特指"新婚的年轻女性"，而且自古就有"温柔美丽"的意思。有人认为，因为花叶马兰开花的样子宛若温柔的女性，所以日本人就根据"嫁之菜"的意思为它命名。不过具体是否确实如此并不清楚。

✳ 菊科的蔬菜

和花叶马兰同属菊科的小伙伴中，还有很多都是大家熟悉的蔬菜。

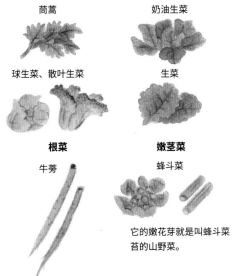

叶菜

茼蒿　　　　　奶油生菜

球生菜、散叶生菜　　　生菜

根菜　　　**嫩茎菜**

牛蒡　　　　　蜂斗菜

它的嫩花芽就是叫蜂斗菜苔的山野菜。

✳ 花叶马兰饭菜谱

花叶马兰是一种苦涩味淡、能食用的野菜。特别是初春用花叶马兰嫩芽做的花叶马兰饭，非常受欢迎。

（1）将花叶马兰嫩叶摘下洗净，焯过后切碎。

（2）把切碎的嫩叶、盐和刚煮熟的米饭拌在一起，就可以吃啦。

✳ 粘头婆

苍耳果上长着尖端像鱼钩一样倒勾的刺，会粘在动物身体或人的衣服上，所以也被叫作"粘头婆"。

果实被运到远处，里面的种子发芽，就可以繁殖了。

常见于饭盒包等处的尼龙搭扣，灵感来源就是和苍耳果一样有倒勾刺的野生牛蒡果，是在瑞士发明的。

野生牛蒡

尼龙搭扣
搭扣的一片上有弯成钩形的刺，能钩住另一片上柔软的纤维。

果实

✳ 管状花与舌状花

和花叶马兰同属菊科的花，都是由小花聚集在一起，形成看似一朵的"头状花序"。组成头状花序的小花有两种。

管状花
只有雄蕊和雌蕊，没有花瓣。

舌状花
有雄蕊、雌蕊和一片花瓣的花。

花叶马兰
管状花　　舌状花

蒲公英
舌状花

轮叶沙参

桔梗科
多年生草本植物
身高：30~60 厘米
开花时间：8~11 月

长在田边向阳处。初春采摘的嫩芽是一种山野菜，适合做蛋包饭等鸡蛋料理时用。

干燥后的根叫"沙参"，是一种中药，有增强体力等效果。

❋ 轮叶沙参的小伙伴们

紫斑风铃草
长在山野、路边。据说过去孩子们捉到萤火虫后，会放在它的花里当灯笼玩，所以日本人给它起名"萤袋"。开花时间是 6~7 月。

桔梗
身高 40 厘米 ~1 米，长在山野向阳处。因为它的根是治疗感冒等病的中药，所以据说是以前从中国传到日本的。"秋之七草"之一。

蓝花参
身高 20~30 厘米，长在光照充足的草地上，开花时间是 5~8 月。

❋ 来观察一下它的特征吧

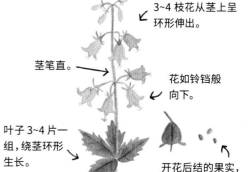

3~4 枝花从茎上呈环形伸出。

茎笔直。

花如铃铛般向下。

叶子 3~4 片一组，绕茎环形生长。

开花后结的果实，里面有种子。

根稍肥。

❋ 名字的由来

因为花的形状像吊钟，根又像人参，所以日本人叫它"吊钟人参"。

吊钟

人参（日语别名五加科）
自古以来它的根就是药材，有促进血液循环等功效，但和蔬菜里的胡萝卜（日语中人参与胡萝卜发音一样）是不同植物。

轮叶沙参的根

龙胆

龙胆科
多年生草本植物
身高：0.2~1 米
开花时间：9~11 月

　　长在山野向阳处，日落后青紫色的花会闭合。干燥后的根是缓解疼痛、发热的中药，另外也用作助消化的胃药。

　　叶子水煮后可以食用。

※ 龙胆的小伙伴们

日本獐牙菜

长在原野向阳处。自古人们就把它的茎叶干燥后放在布袋里，在热水中晃动获得汤汁，做成肠胃药。因为味道极苦，据说"在水里晃一千次，味道冲淡后还是苦"，所以日本人叫它"千振"。

鳞叶龙胆

长在原野向阳处。身高 3~10 厘米，枝叶分叉多，像苔藓一样扩散。

※ 名字的由来

　　因为龙胆根特别苦，所以人们把它比作"龙的胆囊"，取名"龙胆"。

※ 来观察一下它的特征吧

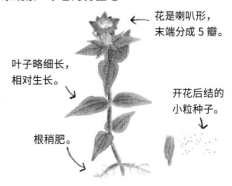

花是喇叭形，末端分成 5 瓣。

叶子略细长，相对生长。

开花后结的小粒种子。

根稍肥。

※ 龙胆根胃药

　　日本江户时代，将西方医学传到日本的荷兰医生，把欧洲生长的龙胆科草药"深黄花龙胆"苦根，作为胃药引介了过来。很快，人们发现日本自古就有的龙胆根也有类似功效，于是就把它作为代替品使用。

深黄花龙胆

（龙胆根胃药）
将洗净晒干的根在研磨钵里磨成粉，据说龙胆根粉泡的药，可促进消化。

41

天胡荽（suī）

伞形科
多年生草本植物
身高：5~10 厘米
开花时间：6~10 月

通过伸长细茎，在路边、庭院的小缝隙里像苔藓一样繁殖。喜欢稍背阴的地方。

揉搓茎叶挤出的汁液有止血的作用，曾被用于处理伤口。

※ 天胡荽的小伙伴们

小窃衣
长在路边灌木丛里。果实上有小刺，会钩住衣服，所以日本人把它比作"虱子（叮咬皮肤的小虫）"，叫它"薮虱"。

 果实

野胡萝卜
原产于欧洲，据说是食用的胡萝卜野生化而成的。它的白花让人想到蕾丝，所以在美国，人们叫它"Queen Ann's Lace（安女王的蕾丝）"。

※ 把天胡荽种在院子里吧

天胡荽几乎整年叶子不枯，因为身高矮、能扩散，把它种在院子里铺的石头和砖头缝里会很好看。

※ 来观察一下它的特征吧

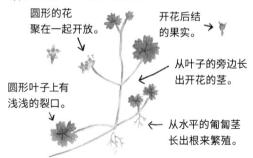

圆形的花聚在一起开放。

开花后结的果实。

从叶子的旁边长出开花的茎。

圆形叶子上有浅浅的裂口。

从水平的匍匐茎长出根来繁殖。

※ 名字的由来

因为有止血的功效，所以日本人叫它"血止草"。

※ 伞形科的蔬菜

天胡荽的伞形科小伙伴里有很多常见的蔬菜，而且都有独特的香味。

胡萝卜
主要吃根。

西芹
吃茎和叶。

欧芹
吃叶子。

水芹
吃茎和叶子。

红心藜

藜科
一年生草本植物
身高：0.6~1米
开花时间：9~11月

长在向阳的地方。春天的嫩叶上有一层紫红色的粉，所以看起来是红色的。到了秋天，叶子则会变成红色。

叶子可以吃，食用的菠菜就是藜的小伙伴。坚硬笔直的茎则可以做拐杖。

✳ 红心藜的小伙伴们

藜
和红心藜形态极像，但嫩叶上的粉是白色的，所以可以区别。

无翅猪毛菜
常长在海边沙滩上，茎叶可食用。因为和鹿尾菜很像，又长在陆地上，所以日本人叫它"陆鹿尾菜"。

✳ 名字的由来

"红心藜"日文名的意思是"红色坐垫"。有人认为，之所以叫"坐垫"，是因为它顶端长嫩叶处平坦如人坐的坐垫，且这部分是红色的，因此得名。

"坐垫"

✳ 来观察一下它的特征吧

嫩叶上覆盖着红色的粉。

粉可以保护叶子躲避强烈的紫外线。

茎笔直。→

圆形的花。

有5片萼片，没有花瓣。

花期过后萼片重新闭合包住果实。

果实。　种子。

✳ 晚秋的变色植物

"变色"这里指的是秋天树木的叶子变成红色或黄色。

三角槭　　银杏　　日本四照花

红心藜和藜都是代表性的变色草。

红心藜　　尖叶薯蓣　　皱果蛇莓

43

寒莓

蔷薇科
常绿灌木
身高：30~50 厘米
开花时间：9~10 月

长在树林中，形成低矮灌木丛。秋末冬初之际，果实成熟变红，味道酸酸甜甜，可以食用。

在中国和朝鲜半岛有原生植株，最近也作为庭院植物被引介到了英国。

❋ 寒莓的小伙伴们

地榆
和寒莓同属蔷薇科，草莓一样的小红丸是小花的花簇，在欧洲、美洲也有原生植株。

龙牙草
长在路边或山野草地上，细细的茎上，小小的花渐次开放。

❋ 名字的由来

从"寒冬结果的草莓"这个意思得名。

❋ 来观察一下它的特征吧

圆形叶子边缘呈锯齿形，表面很光滑。

花白色，有 5 片花瓣，5 片萼片。

开花后结的果实。

从茎的节点处生根繁殖。

❋ 寒莓乳脂松糕

乳脂松糕是英国点心，来做个带寒莓的乳脂松糕吧！

（材料）
● 成熟的寒莓少许（摘下洗净）
● 蛋奶冻或鲜奶油适量
● 海绵蛋糕适量　● 喜欢的果酱

（1）将海绵蛋糕切成 3 厘米见方，上面涂果酱。

（2）把涂好果酱的蛋糕放在器皿里，倒上奶油，再装饰上寒莓。

侧金盏花

毛茛科
多年生草本植物
身高：10~20 厘米
开花时间：2~3 月

　　晚冬初春之际，侧金盏花在山坡落叶林里大片聚集、开花，它也是人们熟悉的新年装饰花卉。

　　因为是备受欢迎的园艺植物，所以野生植株也常被采摘，导致数量大减。

🌸 侧金盏花的小伙伴们

秋牡丹
长在树林边。因为多见于京都北部的贵船地区，所以日文别名"贵船菊"。虽然名字带"菊"，但实际上不是菊花，反而和欧洲银莲花比较近。

獐耳细辛

长在山上。因为叶子分成三瓣，所以日文名叫"三角草"。又因为白雪之下仍能残留常绿的叶子，别名也叫"雪割草"。开花时间是 2~3 月。

🌸 名字的由来

　　日文名叫"福寿草"。有人认为，因为它在旧历正月（新历 2 月初）开花，所以江户时代的日本人当它是宣告早春的花，叫它"福告草"。后来"告"字被换成了有喜庆寓意的"寿"字，就成了"福寿草"。

🌸 来观察一下它的特征吧

太阳照射下会开花。

叶子上有细细的裂口。

开花后结的果实。

茎的根部被空心叶包着。

结果时叶子会张大。

根在土里扎得很深。

🌸 新年混栽

　　模仿树林的景色，做一个混栽的盆栽，当作新年装饰吧！

紫金牛

南天竹

侧金盏花

用苔藓覆盖土表面。

准备一个平钵。

索引

A

阿波伊蓟 ……………… 29

B

白头婆 ……… 13、34、35
稗子 ……………………… 23
鸭花 ……………………… 34
北美刺龙葵 ……………… 17
薄荷 ……………………… 24

C

菜蓟 ……………………… 29
苍耳 ……………………… 38
侧金盏花 ………………… 45
长苞香蒲 ………………… 18
垂序商陆 ………………… 10
刺果瓜 …………………… 25
刺蓼 ……………………… 32
粗毛牛膝菊 ……………… 38

D

打碗花 ……………………… 2
大花鸭跖草 ……………… 4
大狼杷草 ………………… 28
大麻 ……………………… 27
大麻叶泽兰 ……………… 35
大麦 ……………………… 23
待宵草 ……………… 5、20
荻 ………………………… 14
地杨梅 …………………… 19
地榆 ……………………… 44
东美龙葵 ………………… 17

东南茜草 ………………… 6

F

富士蓟 …………………… 11

G

甘蔗 ……………………… 23
扛板归 …………………… 32
葛 ………………………… 8
栝楼 ……………………… 25
挂金灯 …………………… 17

H

寒莓 ……………………… 44
韩信草 …………………… 24
旱稗 ……………………… 22
红心藜 …………………… 43
胡枝子 ………… 12、13、35
虎杖 ……………………… 33
瓠子 ……………………… 3
花叶马兰 ………………… 38
环翅马齿苋 ……………… 16
黄花月见草 ……………… 20

J

鸡屎藤 …………………… 6
戟叶蓼 …………………… 32
加拿大一枝黄花 ………… 30
尖叶薯蓣 ………………… 43
坚被灯芯草 ……………… 19
桔梗 ………………… 35、40
截叶铁扫帚 ……………… 12

具芒碎米莎草 ………… 19

K

宽叶香蒲 ………………… 18
魁蒿 ……………………… 30

L

拉拉藤 …………………… 6
辣薄荷 …………………… 24
蓝花参 …………………… 40
藜 ………………………… 43
两型豆 …………………… 8
林泽兰 …………………… 34
鳞叶龙胆 ………………… 41
葡草 ……………………… 19
龙胆 ……………………… 41
龙葵 ………………… 15、17
龙牙草 …………………… 44
芦苇 ……………………… 14
轮叶沙参 ………………… 40

M

马齿苋 …………………… 16
芒 …………… 13、14、15、23
毛花点草 ………………… 26
美丽胡枝子 ……………… 12
美丽月见草 ……………… 20
米 ………………………… 23

N

南天竹 …………………… 45
女郎花 ………………… 13、35

女萎 ⋯⋯⋯⋯⋯⋯⋯ 36

P
蒲公英 ⋯⋯⋯⋯⋯⋯ 39

Q
牵牛花 ⋯⋯⋯⋯⋯⋯⋯ 2
荞麦 ⋯⋯⋯⋯⋯⋯ 32、33
秋牡丹 ⋯⋯⋯⋯⋯⋯ 45

R
人参 ⋯⋯⋯⋯⋯⋯⋯ 40
忍冬 ⋯⋯⋯⋯⋯⋯⋯ 36
日本四照花 ⋯⋯⋯⋯ 43
日本铁线莲 ⋯⋯⋯⋯ 36
日本獐牙菜 ⋯⋯⋯⋯ 41

S
三角槭 ⋯⋯⋯⋯⋯⋯ 43
桑叶葡萄 ⋯⋯⋯⋯⋯ 37
森蓟 ⋯⋯⋯⋯⋯⋯⋯ 11
商陆 ⋯⋯⋯⋯⋯⋯⋯ 10
深黄花龙胆 ⋯⋯⋯⋯ 41
石蒜 ⋯⋯⋯⋯⋯⋯⋯ 21
石竹 ⋯⋯⋯⋯⋯⋯⋯ 13
黍 ⋯⋯⋯⋯⋯⋯⋯⋯ 23
数珠珊瑚 ⋯⋯⋯⋯⋯ 10
水仙 ⋯⋯⋯⋯⋯⋯⋯ 21
粟 ⋯⋯⋯⋯⋯⋯⋯⋯ 23
酸模 ⋯⋯⋯⋯⋯⋯⋯ 33

T
天胡荽 ⋯⋯⋯⋯⋯⋯ 42
田旋花 ⋯⋯⋯⋯⋯⋯⋯ 2
贴毛苎麻 ⋯⋯⋯⋯⋯ 26
铁线莲 ⋯⋯⋯⋯⋯⋯ 36
头花蓼 ⋯⋯⋯⋯⋯⋯ 32
土人参 ⋯⋯⋯⋯⋯ 5、16
豚草 ⋯⋯⋯⋯⋯⋯⋯ 30

W
王瓜 ⋯⋯⋯⋯⋯⋯ 17、25
伪泥胡菜 ⋯⋯⋯⋯⋯ 28
乌蔹莓 ⋯⋯⋯⋯⋯⋯ 37
无翅猪毛菜 ⋯⋯⋯⋯ 43

X
虾夷泽蓟 ⋯⋯⋯⋯⋯ 29
香蒲 ⋯⋯⋯⋯⋯⋯⋯ 18
小麦 ⋯⋯⋯⋯⋯⋯⋯ 23
小蓬草 ⋯⋯⋯⋯⋯⋯ 30
小窃衣 ⋯⋯⋯⋯⋯⋯ 42
悬铃叶苎麻 ⋯⋯⋯⋯ 26
旋花 ⋯⋯⋯⋯⋯⋯⋯ 2

Y
鸭跖草 ⋯⋯⋯⋯⋯⋯⋯ 4
亚麻 ⋯⋯⋯⋯⋯⋯⋯ 27
野大豆 ⋯⋯⋯⋯⋯⋯⋯ 8
野绀菊 ⋯⋯⋯⋯⋯⋯ 38
野菰 ⋯⋯⋯⋯⋯⋯⋯ 15
野胡萝卜 ⋯⋯⋯⋯⋯ 42
野蓟 ⋯⋯⋯⋯⋯⋯⋯ 28

野生牛蒡 ⋯⋯⋯⋯⋯ 39
野原蓟 ⋯⋯⋯⋯⋯⋯ 28
异叶蛇葡萄 ⋯⋯⋯⋯ 37
薏米 ⋯⋯⋯⋯⋯⋯⋯ 22
银杏 ⋯⋯⋯⋯⋯⋯⋯ 43
硬质早熟禾 ⋯⋯⋯⋯ 22
疣草 ⋯⋯⋯⋯⋯⋯⋯⋯ 4
玉米 ⋯⋯⋯⋯⋯⋯⋯ 23
圆锥铁线莲 ⋯⋯⋯⋯ 36
月光花 ⋯⋯⋯⋯⋯⋯⋯ 3

Z
早熟禾 ⋯⋯⋯⋯⋯⋯ 22
獐耳细辛 ⋯⋯⋯⋯⋯ 45
朝颜（桔梗） ⋯⋯⋯ 13
栀子 ⋯⋯⋯⋯⋯⋯⋯⋯ 6
中亚苦蒿 ⋯⋯⋯⋯⋯ 30
皱果蛇莓 ⋯⋯⋯⋯⋯ 43
朱顶红 ⋯⋯⋯⋯⋯⋯ 21
锥序山蚂蝗 ⋯⋯⋯⋯ 12
紫斑风铃草 ⋯⋯⋯⋯ 40
紫葛葡萄 ⋯⋯⋯⋯⋯ 37
紫金牛 ⋯⋯⋯⋯⋯⋯ 45
紫露草 ⋯⋯⋯⋯⋯⋯⋯ 4
紫茉莉 ⋯⋯⋯⋯⋯⋯⋯ 5
紫苏 ⋯⋯⋯⋯⋯⋯⋯ 24

✳ 前田真由美

1964 年生于神户市。以美丽、纤细的草花插画为中心，活跃于广告、图书等行业。著作有《小小花园书》（青铜新社）、《钟情亚麻》、《随时的我，自然的衣》（文化出版局）等。

个人主页　http://www.lin-net.com

✳ 主要参考文献

『野に咲く花』山渓ハンディ図鑑1　林弥栄監修(山と渓谷社)

『小事典　野草の手帖』　中田武正著(講談社)

『小学館の図鑑 NEO 2　植物』　門田祐一監修他(小学館)

『万葉植物事典「万葉植物を読む」』　山田卓三　中嶋信太郎著(北隆館)

『野草の料理』　甘糟幸子著(中央公論社)

『古事記のフローラ』　松本孝芳著(海青社)

『日本の植物と自然』　前川文夫著(八坂書房)

『植物知識』　牧野富太郎著(講談社)

『植物和名の語源研究』　深津正著(八坂書房)

『Quark スペシャル　毒草の誘惑』　植松黎著(講談社)

『花の日本史』シリーズ「自然と人間の日本史」　木村陽二郎監修(新人物往来社)

『土名対照鮮満植物字彙』　村田懋磨編(目白書院)

『Wildflowers for All Seasons』(Ghillean T.Prance/Anna Vojtek,Crownpublishers,New York)

很多野草都长得非常像，请不要轻易采摘和食用。在用野花、野草做料理食用时，请务必要有大人陪同！

野花、野草的开花时间会因地域产生差异。

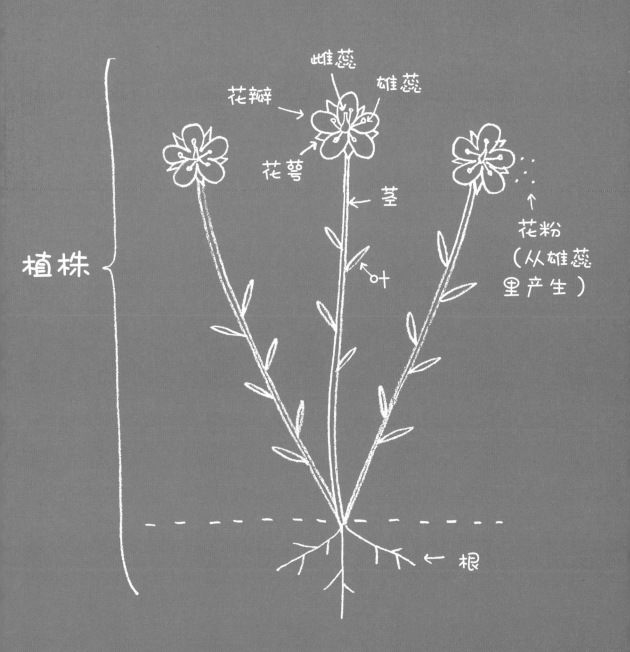

（植物的身体）